我10歲，學工程

文 **史帝夫‧馬丁 Steve Martin**
圖 **娜西亞‧斯列普索瓦 Nastia Sleptsova**
譯 **聞翊均**

Engineer Academy

目錄 CONTENTS

能源工程師

替代能源工程師

材料工程師

工程師的工具箱

歡迎來到工程師學院！

工程師會利用他們的技能和知識，從事設計、製作、修理和維護所有跟引擎、能源系統、機械、機器人等相關的重要事物。

請試著想像一下，如果沒有工程師的話，我們會過著怎麼樣的生活？這個世界將不會出現燈光和暖氣，你只能枯坐在又黑又冷的家裡；這個世界也不會有電腦、電話和電視，你可能會因此覺得無聊。還有，如果你決定要出門的話，你也會因為沒有汽車和公車，沒辦法到很遠的地方呢！

我們的世界必須依賴工程師才能運作。不過，工程不只是重要的科學而已，工程也是超級刺激、超級好玩的工作，任何人都可以成為工程師！

所以，你願意就讀工程師學院真是太棒了。

這是個超讚的決定！

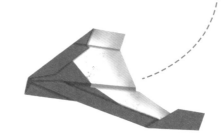

在翻開下一頁之前，請務
必先登記就讀本學院。請詳細
填寫這張實習工程師資料卡。

實習工程師

姓：

名：

年齡：

入學日期：

如果你想從工程師學院畢業的話，
你必須完成書中的各種任務，獲得所有
任務貼紙與資格認證書。

認識各種不同的工程師

你可能會感到非常訝異，原來世界上竟然有這麼多不同的工程師。

因為規劃煤礦採集場、製作機器人和設計飛機……都是不一樣的任務。

你將會在工程師學院獲得許多種工程師的資格認證。這段旅程可以幫助

你，決定未來想要成為哪一種工程師。

機械工程師的專業是各式各樣的機械。他們的工作可能是維護機器，也可能是發明新的機器來完成不同的任務。

航太工程師專門設計、建造與維護飛機。有些航太工程師負責的任務則是太空船與衛星。

機器人工程師的工作是製作機器人，並找出使用機器人為我們工作的新方法。

能源工程師利用各種不同的能量來源，為我們的家庭、學校、工廠與辦公室發電。他們的工作可能會和煤礦、天然氣、石油或核能有關。

替代能源工程師會幫助我們利用風、大海、河流和太陽等能源來發電。

材料工程師的專業是研究金屬、塑膠和其他材料，並找出新方法來使用它們。他們也會發明新的材料，舉例來說，他們會把不同的金屬混合在一起。

機械工程師

機械原理❶槓桿

機械工程師的專業是處理機械，機械是指各種能夠讓工作變輕鬆的工具。機械可以提高效率，使我們付出相同的努力，獲得更好的成果。其中最簡單的機械原理就是槓桿，懂得使用槓桿，就可以省力的抬起非常重的物品。

翹翹板也是槓桿。請觀察旁邊的圖畫，兩名男孩比一名女孩更重，所以他們的位置比較低。但是，如果兩名男孩往中央的平衡點（叫做「**支點**」）靠近，男孩和女孩就會達到平衡。這時，如果女孩離支點再遠一點，會變成她比兩位男孩更重（換句話說，女孩可以利用槓桿，舉起比自己體重更重的東西。）

我們在生活中經常會利用槓桿的原理，包括一些不起眼的小地方！例如剪刀就是一種槓桿。

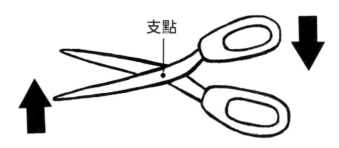

支點

槓桿的實驗

接下來你要觀察的是，當我們移動支點（平衡點）的時候，較輕的物品會如何抬起較重的物品，以及會如何達到平衡。

你需要準備：1隻尺、用來平衡尺的物品（例如：1本精裝書）、9個硬幣。

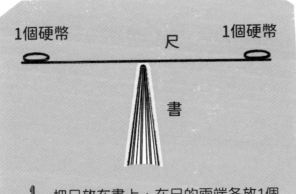

1. 把尺放在書上，在尺的兩端各放1個硬幣，達到平衡。它們看起來就像翹翹板。

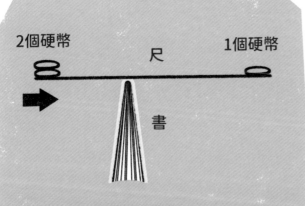

2. 接著，把2個硬幣放在其中一端，滑動尺，直到它們達到平衡。觀察尺上面的公分刻度，記錄下書本的頂端位於尺的什麼位置，把數字寫在表格裡。

3. 把2個硬幣換成4個硬幣、6個硬幣以及8個硬幣，同樣記錄下公分刻度。

	距離（公分）
2 個硬幣	
4 個硬幣	
6 個硬幣	
8 個硬幣	

完成這個表格後，請把貼紙貼在這裡。

貼紙位置

任務完成

機械原理 ❷ 滑輪

滑輪是一種機械，能利用繩子和輪子讓你更輕鬆的抬起重物。簡單的滑輪是這樣運作的：用一條繩子滑過輪子上的凹溝。繩子的其中一端是重物，另一端則需要人施力往下拉。當我們把繩子**往下**拉時，重物就會往上升。用繩子往下拉重物比較輕鬆，直接把重物**往上**抬起來則比較困難，這是因為滑輪可以運用重力（也就是把物品向下拉的力量），而不需要對抗重力。

滑輪最厲害的特點是：如果你用特定的方式放置滑輪，使用的滑輪數量越多，抬起重物就會變得越輕鬆。如果你使用的是一個滑輪組，而非一個滑輪，那麼你在抬起重物時使用的力氣就只需要一半。若使用兩個滑輪組，就能又省下一半的力氣。雖然增加的滑輪數量越多時，你必須把繩子拉得越遠，不過拉起重物需要的力氣也會越小。

編註：滑輪組是1個定滑輪搭配1個動滑輪而成。

定滑輪

施力

重物

只要有足夠多的滑輪，
你就能拉起一隻大象！

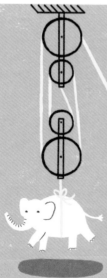

製作簡易滑輪

你需要準備：繩子、剪刀、用完的棉線軸、膠帶、需要抬起的重物（例如玩具）

1. 將繩子穿過棉線軸的兩端。

2. 把繩子的兩端綁在或貼在椅背上。把兩張椅子拉開距離，直到繩子拉緊為止。

3. 用另一條繩子綁住重物。把重物放在地板上，將繩子繞過棉線軸。

4. 現在，你可以使用滑輪來抬起或放下重物了。

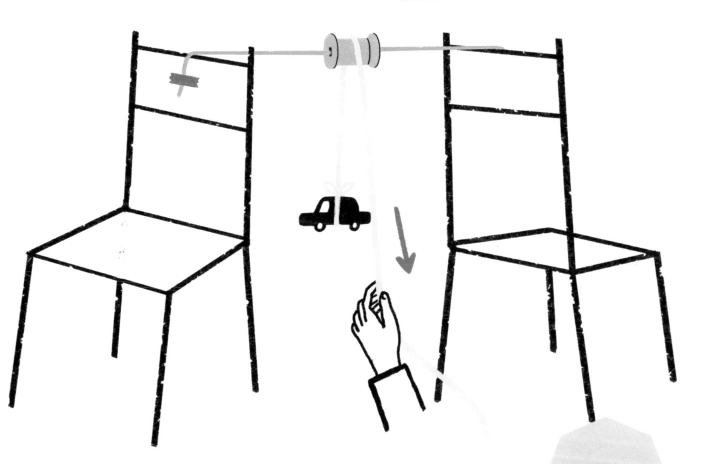

製作出滑輪之後，
請把貼紙貼在這裡。

貼紙位置

任務完成

滾動的車輪

機械
工程師

汽車工程師可以設計與製造用引擎推動的陸地運輸工具，例如轎車、公車和卡車等，這些都要依賴有史以來最偉大的工程發明——**輪子**！

車輪通常會繞著一支桿子轉圈，這支桿子叫做「輪軸」。工程師會用一支輪軸把車子的兩個前輪連結在一起，用另一支輪軸把兩個後輪連結在一起。

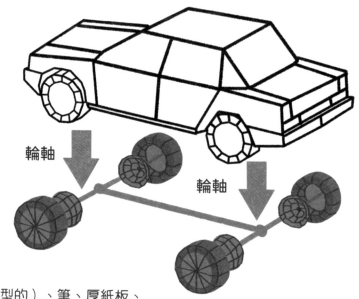

輪軸

輪軸

設計汽車

你需要準備： 1個長方體紙盒（小型的）、筆、厚紙板、玻璃罐、2支鉛筆、剪刀、1位大人助手。

1. 跨越紙盒的底部，畫出兩條線，一條是A，一條是B，把底部分成三等份。接著，在中間的部分畫一個長方形，長方形距離四周邊緣大約1公分。

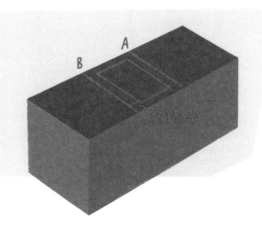

A
B
約1公分

2. 請在大人的陪同協助下，用剪刀沿著綠色的線條剪裁紙板。

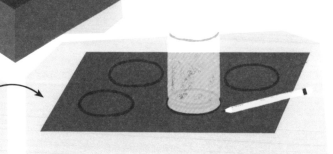

3. 沿著紅線折疊。現在你已經做出引擎蓋、擋風板和後車廂了。

4. 在厚紙板上，沿著玻璃罐的邊緣畫出四個圓圈，再把圓圈剪下來。

5. 沿著圓圈邊緣畫出一條黑色的粗線，把這些圓圈變成輪子。請在大人的陪同協助下，用鉛筆的尖端，分別在這四個輪子的中央戳出一個洞。

6. 把第1枝鉛筆從盒子前方的側邊，穿進盒子的另一側。請確保鉛筆的高度能讓輪子旋轉。在盒子的後方用相同的方法穿進第2枝鉛筆。

完成車子之後，
請把貼紙貼在這裡。

7. 把輪子連接到輪軸上。接著你就可以測試車子了！

貼紙位置

齒輪的用處

轎車、卡車和其他交通工具，例如腳踏車，都會使用齒輪。腳踏車上的齒輪使得騎腳踏車比較省力。

齒輪系統是由兩個尺寸不同的齒輪組合成的。齒輪指的是鋸齒邊緣的輪子。

腳踏車是如何運作的？

腳踏車上的齒輪是由鍊條連接在一起的。在這組齒輪系統中，腳踏板所在的位置是前齒輪，前齒輪上面的鋸齒數量，是後輪齒輪的兩倍。當你踩一圈踏板時，前齒輪就會轉一圈，而後齒輪則會轉兩圈。於是，腳踏車的後輪也會轉兩圈，幫助你騎得更快。

較大的後齒輪

後面的齒輪越大（鋸齒的數量越多），轉動的速度就越慢，但同時力量也越大。因此，你在騎腳踏車上坡時，可以靠較大的齒輪幫助你前進。

較小的後齒輪

後面的齒輪越小（鋸齒的數量越少），轉動的速度就越快。因此，當你想要加速的時候，較小的齒輪將會提供幫助，例如在騎腳踏車下坡時。

測試你的齒輪知識

　　請觀察這些齒輪，計算踏板轉一圈時，後齒輪會轉動多少圈。請用踏板齒輪的鋸齒數量，除以後齒輪的鋸齒數量。請在本頁下方確認你的答案。

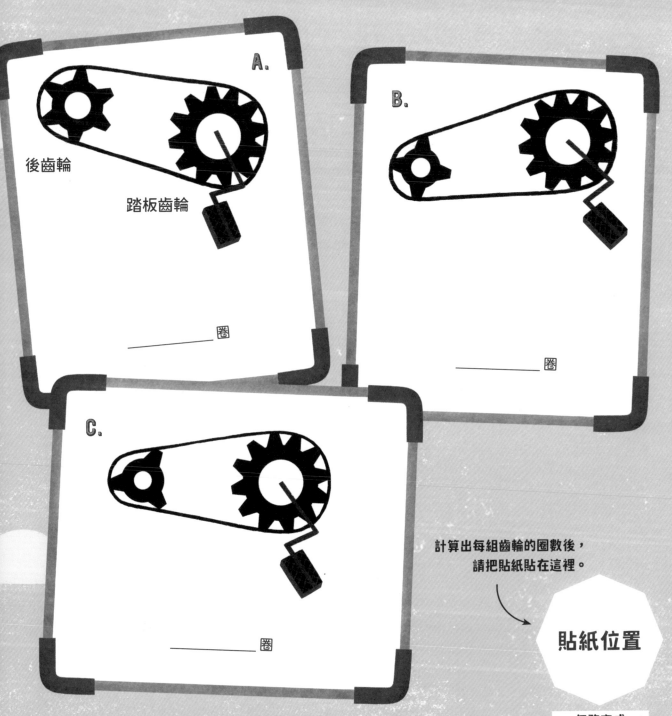

A.

後齒輪

踏板齒輪

_____ 圈

B.

_____ 圈

C.

_____ 圈

計算出每組齒輪的圈數後，
請把貼紙貼在這裡。

貼紙位置

○ **任務完成** ○

引擎能產生動力

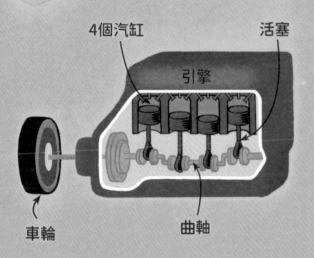

4個汽缸　活塞

引擎

車輪　曲軸

每一個活塞的移動都有四個階段：

空氣與燃料

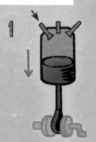

1 活塞往下移動，把空氣和燃料吸入汽缸中。

2 活塞向上移動，擠壓空氣與燃料。

3 空氣與燃料的混合物會因為火星而爆炸，推動活塞向下移動。

燃燒過的燃料

4 活塞再次向上移動，把燃燒過的燃料推出去。

　　一輛車子裡面，最重要的部分就是引擎。引擎能製造出轉動輪子的動力。引擎中有許多「汽缸」，也就是管子（多數車子有4個汽缸）。每個汽缸裡面都有活塞，會上下移動。活塞會連結到一個形狀怪異的軸上面，這個軸叫做「曲軸」。活塞的上下移動會改變曲軸的繞圈轉動，進而轉動輪子！

工程師資訊

恭喜你！你已經成為一名合格的機械工程師了。請填寫下方的資格認證書。

機械工程師
資格認證書

工程師姓名：

獲得此資格認證書之工程師已學會了

槓桿、滑輪、輪子、輪軸、齒輪與引擎的相關知識，

充分瞭解 —— **機械工程**

認證日期：

氣流的作用

航太工程師會設計與製造飛機。等一下你也要製作兩架飛機,並且進行飛行觀察比較。在那之前,我們先要認識飛機構造的一個重要原理 —— **空氣動力學**。你可能會覺得這幾個字聽起來很複雜,其實它的意思就是「**空氣如何移動物體**」。

飛機是怎麼運作的?

飛機的引擎會把飛機向前推進,但空氣阻力會使飛機變慢,所以飛機的形狀設計成窄長 —— 是為了減少空氣會碰撞的表面。飛機的機翼形狀也很特殊,能夠靠著移動空氣,使飛機上升到空中。

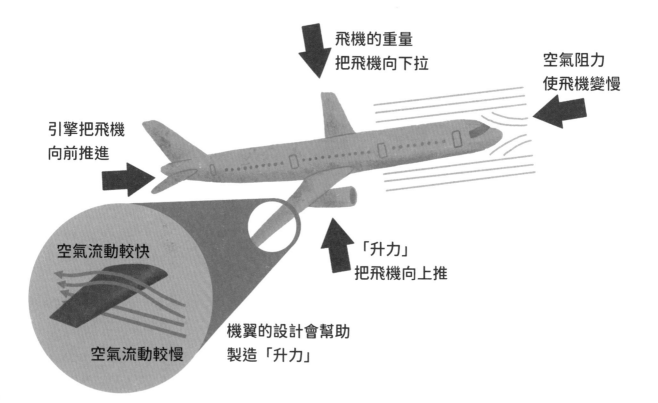

飛機的重量
把飛機向下拉

空氣阻力
使飛機變慢

引擎把飛機
向前推進

「升力」
把飛機向上推

空氣流動較快

空氣流動較慢

機翼的設計會幫助
製造「升力」

製作飛機：飛鏢型紙飛機

你需要準備：1張A4紙

1. 將A4紙沿著長邊對折，製作出折痕。接著把紙張再次攤平。

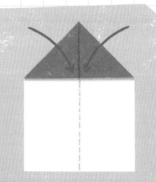

2. 把上方的兩個角向內折，對齊中間的折痕。

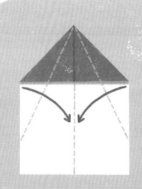

3. 依照上圖，把左右兩邊向內折，對齊中間的折痕。

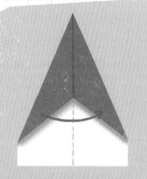

4. 沿著折痕把飛機對折。

5. 把飛機擺成橫的。依照上圖，把兩邊的機翼向下折，對齊折痕。

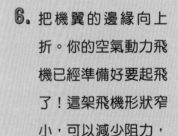

6. 把機翼的邊緣向上折。你的空氣動力飛機已經準備好要起飛了！這架飛機形狀窄小，可以減少阻力，讓飛機飛得更快。

請好好保存這架飛機，你將會在下一頁的挑戰用到它。

製作出屬於你的飛機後，請把貼紙貼在這裡。

貼紙位置

✄ **任務完成** *✄*

造飛機「神鷹遨翔」

製作飛機：神鷹型紙飛機

神鷹型紙飛機和飛鏢型紙飛機非常不一樣。神鷹型紙飛機的形狀比較寬、比較扁平。等到製作完成這架紙飛機後，再把兩架紙飛機帶到戶外試飛，比較它們的不同。

你需要準備：1張A4紙

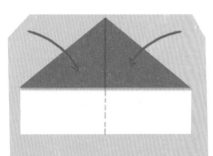

1. 拿出A4紙，擺成橫的，讓紙的長邊位於上方與下方。對折紙張，使中央出現一條折痕，接著再把紙張攤平。

2. 把上方的兩個角向內折，使兩個角對齊紙張中間。

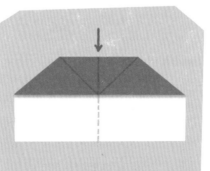

3. 依照上圖，把上方的尖端向下折到橫線處。

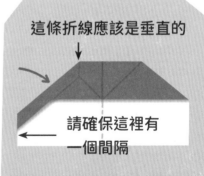

這條折線應該是垂直的

請確保這裡有一個間隔

4. 依照上圖，折好左邊的紙張邊緣。向內折的寬度大約是2公分。

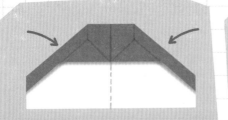

5. 右邊也用一樣的
方法折好。

6. 把飛機對折。

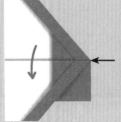

依照這條
線向下折

7. 依照上圖,把機翼
向下折。

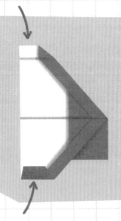

8. 輕輕折一下兩個機翼的邊
緣,寬度大約2公分。神鷹
已經準備要起飛了!

現在你已經製作出兩架飛
機了,請試飛觀察哪一架表現
較好,並在下面表格打勾:

	飛鏢型紙飛機	神鷹型紙飛機
哪一架飛機飛得最遠?		
哪一架飛機飛得最快?		
哪一架飛機在空中停留最久?		

飛行測試的答案能幫助你進一步思
考,為什麼戰鬥機會那麼窄長?為什麼
滑翔翼的寬度那麼寬?

完成飛行測試後,
請把貼紙貼在這裡。

貼紙位置

✿ **任務完成** ✿

動手做「噴射引擎」

飛機上的噴射引擎，運作方式是燃燒燃料，產生氣體從飛機後方噴射而出。
這些氣體往哪個方向移動，飛機就會往相反的方向前進。

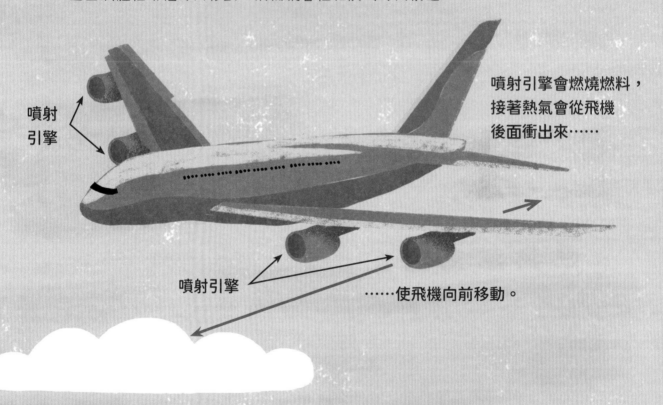

噴射
引擎

噴射引擎會燃燒燃料，
接著熱氣會從飛機
後面衝出來……

噴射引擎

……使飛機向前移動。

製作屬於你自己的噴射引擎

若想觀察飛機上的引擎是如何運作的，你可以製作屬
於自己的氣球噴射引擎。

你需要準備：氣球、可彎吸管、橡皮筋、1位大人助手。

1. 把氣球吹飽氣，請助手幫你把氣球的吹口抓緊，避免漏氣。

2. 把吸管的一端穿過助手捏著氣球的手指，放進氣球裡。過程中，助手要幫忙牢牢抓緊氣球。如果氣球漏氣了，你可以在吸管放進氣球後，用吸管把氣球吹飽氣。

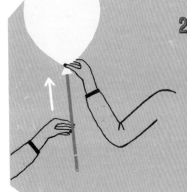

3. 小心的用橡皮筋綁緊氣球的吹口，固定住吸管的位置。

4. 繼續緊抓著氣球的吹口，把氣球放在地板上，把吸管拉直。放開手，觀察接下來發生的事！空氣會從氣球中衝出來，推動氣球往前移動。

5. 彎曲氣球中的吸管，再次重複一次剛剛的實驗。這次氣球不會往同樣的方向移動，這是因為空氣衝出來的方向改變了。

貼紙位置

測試完氣球噴射引擎後，請把貼紙貼在這裡。

◦ 任務完成 ◦

發射火箭上太空

有一種特殊的航太工程，叫做太空工程。太空工程師要做的
事包括設計與測試太空中使用的機械。你可以想像一下，要設計
一艘太空船並讓它每小時航行數千公里，是多麼浩大的工程。太
空船必須適應極端的溫度，以及太空微粒的高速撞擊！

火箭載著太空人或
衛星進入太空。

太空站為環繞地球的
太空人提供一個家。

衛星環繞著地球運行。
我們使用衛星來通訊聯
絡和預測天氣。

探測器進入太空為
我們探索太陽系。

工程師資訊

太空越野車載著太空人在月球上移動。

恭喜你！你已經成為一名合格的航太工程師了。請填寫下方的資格認證書。

航太工程師
資格認證書

工程師姓名：

獲得此資格認證書之工程師已學會了

空氣動力學、噴射引擎與太空工程的相關知識，

充分瞭解 —— **航太工程**

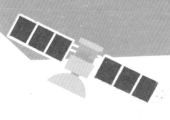

認證日期：

機器人工程師

設計你的夢想機器人

機器人工程師的專業是處理機器人。機器人是一種機械，專門設計來完成我們沒辦法做或不想做的事。舉例來說，機器人可以探索火星的危險環境；它們也可以在工廠的生產線，為瓶子蓋上瓶蓋。

標註機器人的各個部位

請想像一下，如果你是一個機器人的話，你的身體哪裡是控制部位、機械部位和感測部位？請在圖片中寫下回答，再確認本書27頁下方的答案。

機器人通常有三個主要部位，分別是：

控制部位 這個部位告訴機器人該做什麼 —— 通常這個部位會是一臺電腦。

機械部位 這個部位負責製作、修理或移動其他物品的工作。

感測部位 這個部位會告訴機器人外在世界的狀態，例如某個物品的位置。

你的大腦會是
_____

你的眼睛和耳朵會是
_____

你的手腳會是
_____

設計出夢想機器人吧！

　　請在下方畫出夢想機器人。首先，決定你想要機器人做的事情：例如陪你玩遊戲、替你做功課、烹煮爆米花等等。接著，你要思考做這些事情需要什麼零件 —— 像是可拆卸的網球拍手臂、超級電腦思考中心、能夠烹飪爆米花的肚子……。請確保你的機器人擁有控制部位、能夠移動的機械部位和感測部位。

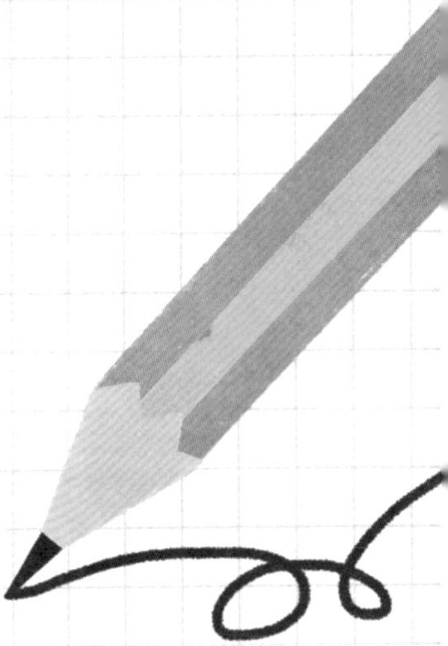

設計完成你的機器人後，
請把貼紙貼在這裡。

貼紙位置

◢ **任務完成** ◣

答案：人腦＝控制部位、眼睛和耳朵＝感測部位、手臂＝機械部位

伸出援手的機器手臂

機器人
工程師

　　大部分的機器人被使用在工廠裡，可讓它們重複進行相同的任務，因為機器人的速度比人類快、比較不容易犯錯，也不需要休息。

　　機器人對汽車製造業來說，特別重要。製造汽車的過程中，汽車會沿著生產線移動，生產線上的各種機器手臂會負責完成不同的工作。但目前機器人還不能自己設計汽車 — 需要人類工程師進行設計！

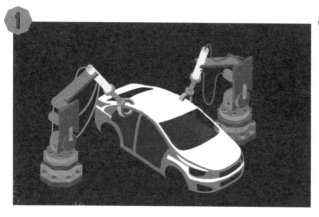

組合：機器人把汽車的車體拼裝在一起。

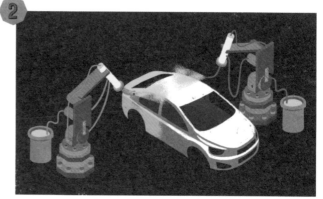

塗裝：機器人會把油漆噴塗在汽車上。

最後任務：由人類來完成汽車的組裝。

　　在生產線上進行組合與塗裝的機器手臂，是機器人的「機械」部分。工程師會依照機器人要處理的工作，設計機械手臂的形狀和功能。

製作機械抓取手臂

接下來，你要製作屬於你自己的機械手臂了！你可以用它把東西拿起來。

你需要準備： 2支15公分的尺、2條橡皮筋、1張A4紙

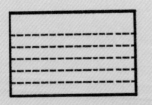

1. 拿出1張A4紙，沿著長邊把紙重複折成大約4公分寬的長紙條。

2. 把這張紙捲起來，放在兩尺中間，大約距離末端4公分。

3. 把2條橡皮筋分別綁在尺上，一條在紙捲的左邊，一條在右邊。

4. 你的機械手臂完成啦！把手臂移動到你想撿起的東西，按下紙捲抓住它。

　　如果找不到尺，也不用擔心，你可以改用樹枝、筆或其他細長的物品。例如，用筷子做出機械手臂，並練習用它們吃東西！（提醒：使用的物品不同，也要調整紙張的大小。）

製作並測試過自製的抓取手臂後，
請把貼紙貼在這裡。

貼紙位置

任務完成

不同用途的感測器

機器人有各種類型的感測器。

熱能感測器

好奇號上面有一個感測器，能測量火星的溫度，也有各種感測器能記錄許多有用的資訊，例如風速、輻射和空氣中的水分。

影像感測器

火星上的好奇號探測車，任務是探索火星。它有一臺連接到電腦的相機，用來決定它要往哪個方向移動。由於影像從火星送到地球的時間會有延遲，好奇號是否具備自動轉向的功能變得很重要。否則，等到地球的控制中心看到畫面時，機器人說不定已經掉下懸崖了！

聲音感測器

如果機器人有聲音感測器，它就可以按照程式，對指令做出反應。舉例，玩具機器人可能會在聽到拍手時開始走動，然後在下一次拍手聲響起時停止腳步。

接觸感測器

接觸感測器能讓機器人對物體使用輕重不同的力量。工廠裡的機器人必須在抓取金屬物品時使用穩固的強力；在抓取玻璃等易碎物品時，則必須使用較輕的力量。

工程師資訊

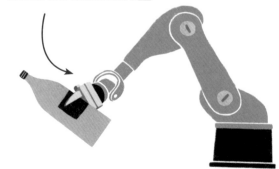

恭喜你！你已經成為一名合格的機器人工程師了。請填寫下方的資格認證書。

機器人工程師
資格認證書

工程師姓名：

獲得此資格認證書之工程師

已學會了機器人的控制部位、

機械部位與感測部位的相關知識，

充分瞭解 —— **機器人工程**

認證日期：

能源工程師

生活中的電力

目前人類使用的所有能源當中，電力是最重要的。我們使用電力的方式有兩種，第一種是電池，通常用在能夠隨身攜帶的較小物品，例如手機、玩具和電視遙控器等。第二種使用電力的方法，是把插頭插進插座裡，將物品連接到建築物的電路。

電線會經過牆壁後方與地板下方，連接到插座。

電力供應會透過地上或地下的電線進入家中。

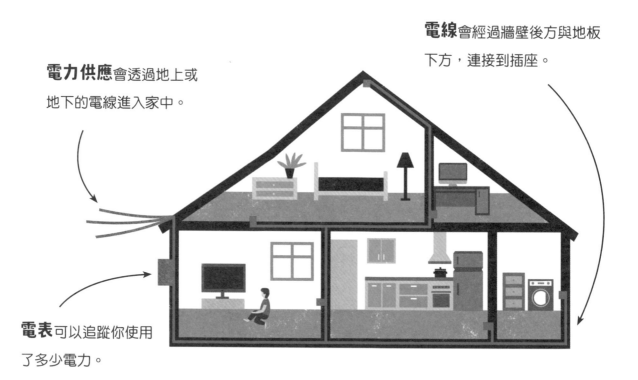

電表可以追蹤你使用了多少電力。

由於電力的能量很高，所以電力非常危險。如果電力經過人體的話，會導致觸電。**觸電有可能導致死亡，小心不要觸電。**

認識電力的危險性

下圖有6個危險的地方，請把它們圈起來。你可以在本書62頁確認答案是否正確。

貼紙位置

找出危險的地方之後，請把貼紙貼在這裡。

任務完成

電路是什麼？

電力可以來自電池，或者來自牆上的插座，但在這兩個狀況中，使用能量的電力裝置都必須要連結到電源。

電力會透過電線移動。電線通常是用銅線做成的，因為電力比較容易透過銅線移動。電線外面會覆蓋一層塑膠，防止人們摸到銅線導致觸電。

利用電線連接到電力裝置的能量來源有一個特定的名字，叫做電路。電路必須是相連的閉合迴路，否則就不能運作，這也是開關（例如電燈開關）的運作原理。

開燈：「開關」會把電路連接起來，讓電力經過開關，使燈泡獲得電力。

關燈：「開關」斷開後會打斷電路，電流無法抵達燈泡的位置，因此燈會關掉。

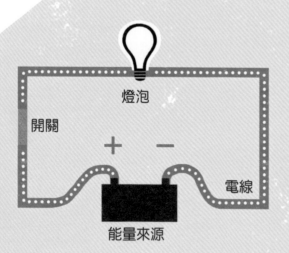

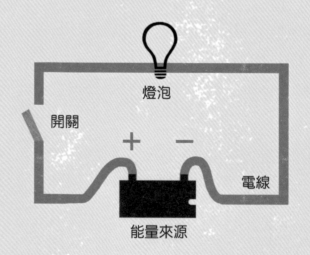

測試你的電力工程技能

　　請在下列的四個電路裡面，找出哪些電路的燈泡會亮起來，並把那兩個燈泡塗成黃色。別忘了，電路必須要是相連的閉合狀態，電燈才會亮。你可以在本頁下方確認答案是否正確。

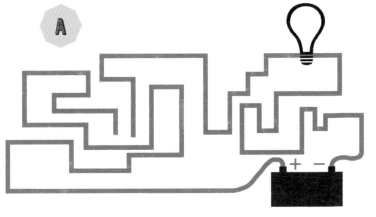

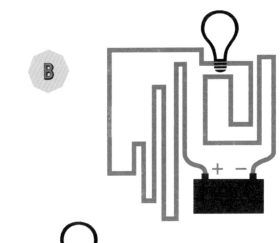

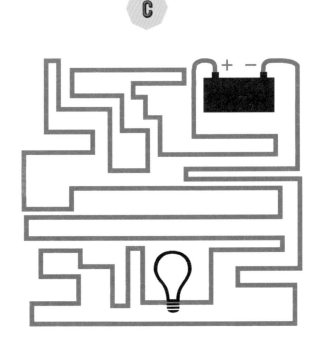

找出能夠運作的兩個電路，
請把貼紙貼在這裡。

貼紙位置

答案：能夠運作的電路是B及C。

●　**任務完成**　●

不同類型的發電廠

你家使用的多數電力，都是由發電廠製造，再透過電纜線（也就是大捆的電線）送到家裡的。不同類型的發電廠會使用不同種類的燃料，例如煤炭、天然氣和石油。有些發電廠使用的則是風和水的力量。不過，這些發電廠都用同樣的方式發電 —— 轉動一種大型風扇的葉片，這個風扇叫做**渦輪**，渦輪會驅動**發電機**，製造出電力！

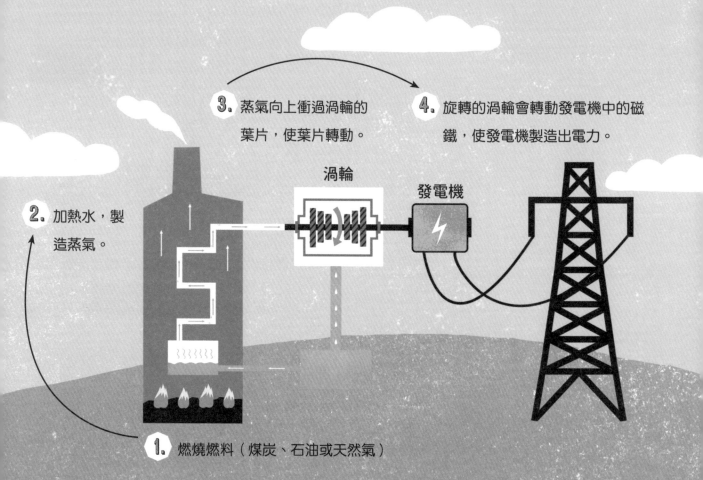

3. 蒸氣向上衝過渦輪的葉片，使葉片轉動。

4. 旋轉的渦輪會轉動發電機中的磁鐵，使發電機製造出電力。

渦輪

發電機

2. 加熱水，製造蒸氣。

1. 燃燒燃料（煤炭、石油或天然氣）

電力是什麼？

所有事物都是原子構成的 —— 原子是一種很微小的結構單位，構成全宇宙的每一件事物。而原子又是由更小的粒子組成的，例如：電子。電子會環繞著原子的中心（原子核）轉圈，當電子從一個原子移動到另一個原子時，會產生電力。

發電機的運作原理，就是在電線裡面轉動磁鐵，使得電線裡面的電子移動，創造出電力！

原子

原子核

電子

可再生或不可再生？

地球上有幾種燃料是會用完的，這些燃料不能被取代，稱為「不可再生能源」。另外還有一些燃料則可以重複使用，這些燃料被稱為「可再生能源」。右邊哪些能源是可再生的？哪些是不可再生的？請圈出正確答案。

煤炭	可再生	不可再生
風	可再生	不可再生
天然氣	可再生	不可再生
水	可再生	不可再生
石油	可再生	不可再生

在下方確認答案後，請把貼紙貼在這裡。

貼紙位置

任務完成

答案：煤炭—不可再生、風—可再生、天然氣—不可再生、水—可再生、石油—不可再生

電力是怎麼來的？

能源之旅

　　請使用本書後面附的8張【發電流程】貼紙，完成這趟電力之旅。你可以從煤炭礦場啟程，抵達終點的電視。

礦場中挖出了煤礦。

把煤礦送到發電廠。

渦輪驅動發電機。

水蒸氣轉動渦輪。

將煤礦放進火爐中燃燒，把水加熱，製造水蒸氣。

電力進入家中。

能源電纜傳送電力。

電視的插頭連接著家中的電路,小朋友打開電視。電力流入電視中,電視節目出現了!

完成了從煤炭礦場前往電視的旅程後,請把貼紙貼在這裡。

貼紙位置

任務完成

能源
工程師

深入地底下採礦

製造能源的第一個步驟，是找到燃料來源。以煤炭發電廠為例，要先從地底的岩層中挖出煤礦。

採礦工程師會幫忙設計煤炭礦場，並確保礦場可以安全又有效率的運作。由於煤礦可能位於地底下幾百公尺，所以設計礦場是很困難的任務。礦場的隧道可能會長到礦工必須搭上軌道運輸車，才能抵達煤層截面（挖煤礦的位置）。

這些狀況讓採礦工程師的任務更加困難，因為要確保採礦隧道不會出現石頭坍塌、不會淹水。除此之外，採礦的風險還包括火災及地下的天然氣爆炸。

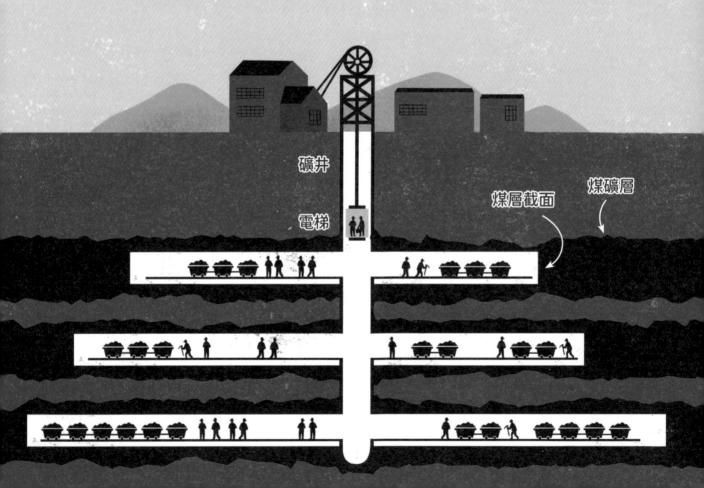

礦井

電梯

煤層截面

煤礦層

練習解決問題的能力

　　工程師一定要擅長解決問題。為了培養工程師技能，請試試看，你能不能
幫助礦工找到通往煤層截面的路？請避開路上可能遭遇到的危險，包括礦坑
坍塌、淹水與天然氣洩漏。

貼紙位置

完成這個迷宮後，請把貼紙貼在這裡。

◦ **任務完成** ◦

41

認識核能

有些發電廠運用核能來發電。他們使用一種叫做核反應器的機械，把「鈾」這種金屬的原子分裂成更小的原子。一旦有一個原子分裂了，這個原子就會變成許多小粒子飛出去，使更多原子分裂，而更多原子的小粒子就會飛出去使更多、更多原子分裂……這個過程叫做**連鎖反應**。

連鎖反應有點像是一排多米諾骨牌，也有點像是把一顆彈珠射擊到許多彈珠之間，使這些彈珠再撞擊更多彈珠。不過在核子反應爐裡，連鎖反應會一直持續下去！

鈾原子在分裂的過程中，會釋放出很多能量，這些能量會加熱水，產生蒸氣。蒸氣則會驅動渦輪，使發電機開始發電。

核能工程師必須確保核電廠很安全，也必須用安全的方式處理危險的放射廢棄物。

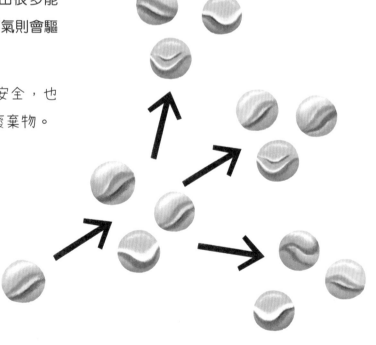

工程師資訊

恭喜你！你已經成為一名合格的能源工程師了。請填寫下方的資格認證書。

能源工程師
資格認證書

工程師姓名：

獲得此資格認證書之工程師已學會了

電力、電路、渦輪、發電機、發電廠、煤礦

和核能的相關知識，

充分瞭解 —— **能源工程**

認證日期：

古代的風力發電一風車

　　替代能源工程師的專業是「可再生能源」，可再生能源的意思是能量來源可以循環重複使用。無論你使用了多少風、多少海浪或多少河流的流水，它們都用不完，屬於永續的資源。

　　不過，這並不表示這些可再生能源是近代才被發明出來的。過去在歐洲，人類的祖先製作麵包時，就曾經靠著風力得到很大的幫助呢！麵粉是麵包的主要原料，人們運用風力帶動風車把穀物磨成麵粉。

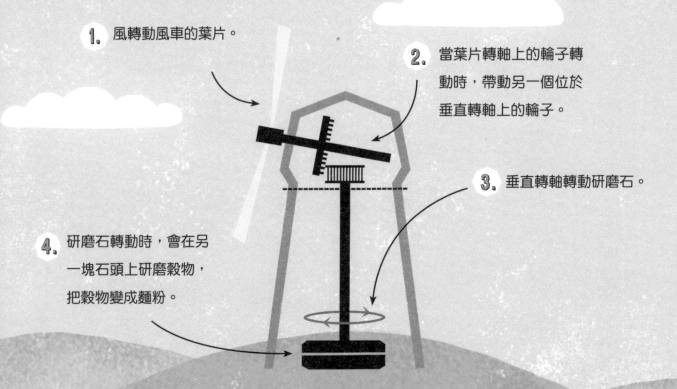

1. 風轉動風車的葉片。

2. 當葉片轉軸上的輪子轉動時，帶動另一個位於垂直轉軸上的輪子。

3. 垂直轉軸轉動研磨石。

4. 研磨石轉動時，會在另一塊石頭上研磨穀物，把穀物變成麵粉。

製作風力發電機

本書的封面折頁是風力發電機的已裁切組裝模型。請把這些紙片模組拆下來,接著沿著虛線折疊。依照下列指示組裝你的風力發電機。

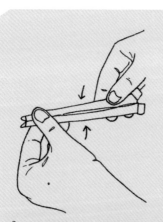

2. 把標誌⑥和標誌⑥黏在一起,製作出風力發電機的頂端。把紙張的末端向內折,插入細縫中,製作出矩型的盒子。

1. 把標誌①和標誌①黏在一起,以此類推,直到標誌⑥為止。

3. 把葉片與機鼻背面的相同數字標誌黏在一起。把機鼻正面和機鼻背面黏在一起;使葉片位於兩者之間。

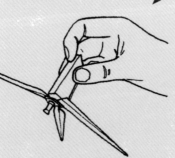

5. 最後,請把你的風力發電機組合在一起。將塔架上方插入風力發電機頂端的底部。將塔架下方插入底座,用膠水黏牢紙片。

4. 請在大人的陪同幫助下,用圖釘刺穿機鼻和葉片的中央,接著按照圖片把他們固定在風力發電機頂端。現在你的葉片應該可以轉動了!

製作出你的風力發電機後,請把貼紙貼在這裡。

貼紙位置

⸱ **任務完成** ⸱

古代的水力發電—水車

人類從數千年前就知道如何使用水的能量。水車被放在流速較快的河水中，用河水轉動輪子，接著輪子會推動其他機械部位。這個機械運作原理適用在很多地方，例如研磨穀物、打鐵或砸碎石頭等。

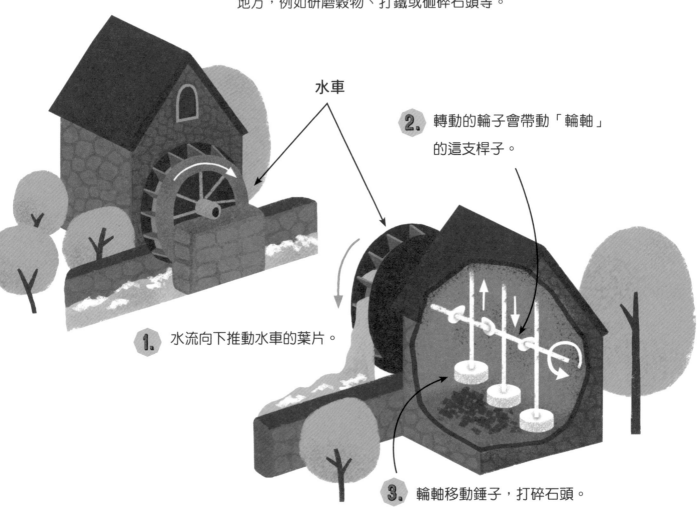

水車

2. 轉動的輪子會帶動「輪軸」的這支桿子。

1. 水流向下推動水車的葉片。

3. 輪軸移動錘子，打碎石頭。

製作並測試水車

你需要準備： 2個大紙盤（硬一點的）、8個塑膠杯、膠帶、剪刀、1支吸管、繩子、重物（例如小型玩具）、2根棍子、1桶水、1位大人助手

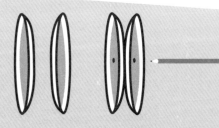

1. 用膠帶在紙盤的後方貼1圈，把2個紙盤背對背黏在一起。請在大人的幫助下，用鉛筆在2個紙盤的中間戳1個洞。

2. 沿著紙盤外圈的邊緣貼上杯子，讓杯子都朝向同樣的方向。請依照盤子和杯子的大小，決定要貼上多少個杯子。

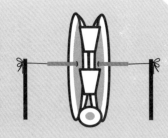

3. 把吸管穿過紙盤中央，接著把繩子穿過吸管。將模擬水車綁在木棍上，同時把水車固定在大約胸口的高度。

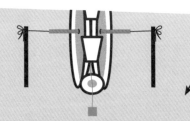

4. 用長繩子把小型重物綁起來，接著把繩子貼在紙盤的2個杯子中間。

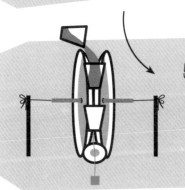

5. 開始把桶子裡的水倒進這些杯子裡。杯子裝滿水時，會使紙盤轉動，把重物往上拉起。（這個測試比較適合在室外進行，因為會弄濕地板。）

成功用水車把重物拉起之後，請把貼紙貼在這裡。

貼紙位置

❀ **任務完成** ❀

現代的風力發電與水力發電

一直到現代，我們仍會使用風和水的力量，但我們不是使用這些力量來研磨穀物，而是把風車變成巨大的渦輪，用它們來發電。人們在陸地和海上建造了越來越多風力發電場。水力發電廠則是利用水的流動來發電，主要使用的是水壩和河流。風和水等能量來源可以永續，而且是免費的。

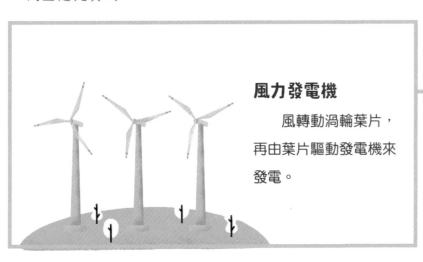

風力發電機

風轉動渦輪葉片，再由葉片驅動發電機來發電。

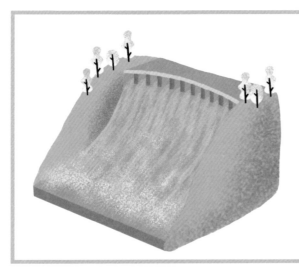

水力發電廠

水力發電廠通常會蓋在斜坡，目的是能夠運用快速移動的水流。這些水累積在水壩中，接著從高處往下流，推動渦輪葉片。渦輪驅動發電機進行發電。

海浪發電站

　　這些漂浮在海上的機器會上下移動，並把這種移動轉變成電力。由於地球表面有三分之二都是海洋，所以海浪發電有機會能成為大量能源的來源，但是目前這種能源仍然很難取得。也就是說，現在的海浪發電站還是非常稀少。

電線

　　風力發電機、水力發電廠和海浪發電站製造的電力會在電纜線中移動，抵達我們的住家、學校、工廠和所有需要電力的地方。

工程師資訊

太陽能發電

替代能源
工程師

太陽帶給我們的能量，遠比全世界的所有發電廠能製造的能量還要更多，所以工程師和科學家都在努力想辦法利用太陽。這團巨大火球的溫度非常高，高到可以利用一種名叫「核融合」的反應過程來製造能量。這些能量會以光線的形式來到地球，我們把它稱作「輻射」。屋頂上的太陽能板會吸收太陽光的能量，再把這些能量轉變成電力。

測試為什麼太陽能板總是黑色的？

請把兩顆冰塊放在陽光下，其中一顆放在黑色紙卡上，另一顆放在白色紙卡上 ── 看看哪一顆冰塊融化的速度比較快？

你需要準備：黑色紙卡和白色紙卡、2顆冰塊、大晴天

放在黑色紙卡上的冰塊應該會融化得比較快。這是因為黑色吸收的太陽光能量比較多。

貼紙位置

完成這個實驗後，請把貼紙貼在這裡。

 任務完成

恭喜你！你已經成為一名合格的替代能源工程師了。請填寫下方的資格認證書。

替代能源工程師
資格認證書

工程師姓名：

獲得此資格認證書之工程師已學會了

風力、水力與太陽能的相關知識，

充分瞭解 ── **替代能源工程**

認證日期：

材料工程師

材料性質大不同

材料工程師的專長是金屬、塑膠和各種材料。他們設計出新材料,接著測試這些材料要怎麼使用比較好。

他們使用的材料擁有不同的性質,因此每種材料適合的任務都不一樣。舉例來說,你不會用鋼鐵製作窗戶的玻璃,也不會用羊毛製作船。這些性質沒有哪個比較好、哪個比較差。最重要的是,為正確的任務找出正確的材料。

下面列出了16種常見的材料特性,並將相反的兩種性質搭配在一起,方便對照比較。

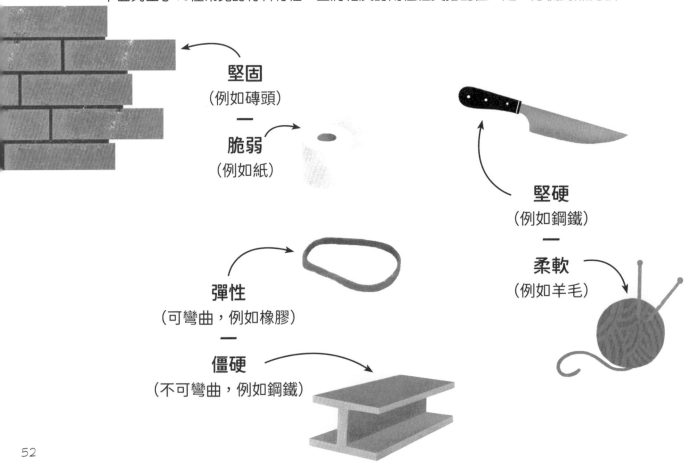

堅固
(例如磚頭)

—

脆弱
(例如紙)

堅硬
(例如鋼鐵)

—

柔軟
(例如羊毛)

彈性
(可彎曲,例如橡膠)

—

僵硬
(不可彎曲,例如鋼鐵)

重
（例如鉛塊）
—
輕
（例如羽毛）

光滑
（例如彈珠）
—
粗糙
（例如砂紙）

透明
（可以看穿，例如玻璃）
—
不透明
（不可以看穿，例如木頭）

導體
（導體可以讓電或熱通過，
銅就是電和熱的良好導體。）
—
絕緣體
（電無法通過的材料，
例如包覆電線的塑膠。
或是熱無法通過的材料，
例如木頭）

防水
（把水隔絕在外，例如塑膠
和橡膠）
—
吸水
（能吸收水分，例如衛生
紙、布料或海綿）

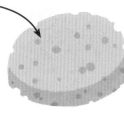

工程師資訊

神奇的金屬強度

金屬具有很高的強度。但是，每種金屬的強度可能會出現在不一樣的地方，因此適合不同的用途。

鋁的重量雖然只有鋼的三分之一，但從重量看來，鋁仍然是很堅固的金屬。所以，鋁是最適合製造飛機的金屬。因為重量輕的腳踏車比較容易踩得動，所以也有一些腳踏車是鋁製的。由於鋁不容易生鏽，而且重量較輕，方便運輸，所以也常用來製作飲料罐。

鋼是一種合金，意思是「混合的金屬」。鋼通常都是用鐵做成的，但鐵是易碎（容易裂開）的金屬，生鏽速度也快，所以要在鐵裡面加上其他金屬或物質。鋼在承受高壓時，才會開始碎裂或變形。而且製作鋼的成本很低，很適合用在建築物。支撐摩天大樓的巨大金屬支架就是用鋼製作而成的。

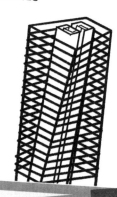

鎢能在高溫下保持強度，具有極高的熔點（攝氏3400度）。因此，鎢很適合用在高溫的地方，從你家的燈泡到火箭的引擎零件都有鎢！此外，鎢也是非常堅硬的金屬，比鋼更堅硬5倍，也常用在鑽頭和鋸子上面。

調查不同材料的強度

不同的材料具有不同的強度。測量強度的其中一個方法，就是測試每個材料在接受不同的力量時，會不會損壞？能不能維持同樣的形狀？接下來你要對不同的材料施加不同的力量，觀察這些材料的形狀是否改變。

1. 若你覺得表格中的力量會使材料損壞或永久變形，請在格子裡打叉。舉例來說，如果你覺得能把一張紙撕開，請在這一格打叉。

2. 先完成表格後，再取得這些材料，實際用以下5種力量分別進行測試。看一看你的預測是不是正確？

力量

材料	撕開	拉扯	擠壓	敲擊	彎折
紙張 (A4紙)					
木頭 (冰棒棍)					
金屬 (鑰匙)					
塑膠 (寶特瓶)					
橡膠 (橡皮擦)					

完成強度測試後，
請把貼紙貼在這裡。

貼紙位置

● 任務完成 ●

動手做「高強度紙塔」

你已經在前一頁觀察過，不同的材質具有哪些不同的強度了。材料的結構設計也會對於強度和穩定度造成很重要的影響。證明這一點的方式，就是做出一座紙塔！

設計與製作紙塔

接下來，你將會實驗三種不同的結構設計。我們會在這裡展示一些範例，但你也可以選擇自己創造新設計。試試看你能把紙塔蓋得多高。最重要的是，這些紙塔不需要你用手扶著就可以保持站立。

你需要準備：很多張的厚A4紙、膠帶、剪刀、捲尺

1. 首先，請製作一些「支柱」來支撐你的塔。製作支柱的方式，是把一張紙橫向捲成圓柱體，在頂端、中間和底端貼上膠帶。你可以把紙張捲得很緊，這樣支柱會變得又細又堅固；或者你也可以把紙張捲得很鬆，讓支柱變得又粗又穩固。

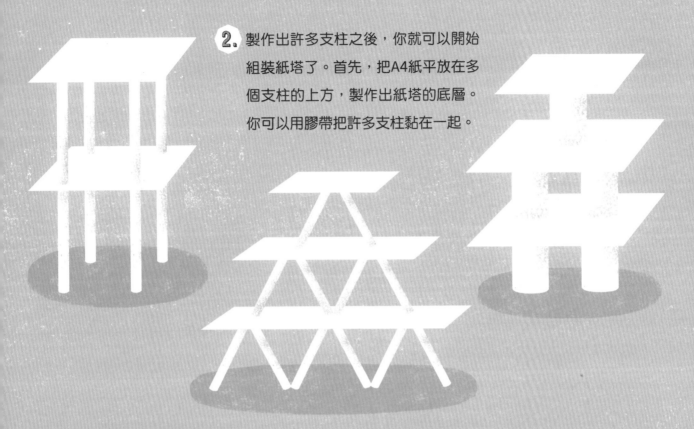

2. 製作出許多支柱之後，你就可以開始組裝紙塔了。首先，把A4紙平放在多個支柱的上方，製作出紙塔的底層。你可以用膠帶把許多支柱黏在一起。

3. 等到完成3個紙塔之後，請用捲尺測量它們的高度，記錄在下方表格中。比較哪一個塔的高度最高？

	紙塔1	紙塔2	紙塔3
高度（公分）			

建造完紙塔後，請把貼紙貼在這裡。

貼紙位置

◢ **任務完成** ◣

認識摩擦力

如果你在騎腳踏車時停止踩踏板，你的腳踏車將會越來越慢，最後停下來。這是因為一種叫做「摩擦力」的力量。當兩個物體的表面彼此摩擦，就會產生摩擦力 —— 在腳踏車的例子中，彼此摩擦的是輪子和地板。摩擦力會使物體的移動變慢。

不同類型的表面擁有不同大小的摩擦力。這也是為什麼你可以在光滑的冰層上滑行，而不能在粗糙的岩石上滑行的原因，因為光滑冰層的摩擦力很小。就連空氣都有摩擦力（阻力），因此人們才會把飛機設計成窄窄的形狀，減少空氣阻力。

有時候，工程師會設法改變摩擦力的大小。舉例來說，工程師在設計車子的某些零件時，會增加這些零件的摩擦力，或是減少某些零件的摩擦力。

* 輪胎的胎面（接觸地板的那一面）會**增加摩擦力**，避免車子在路上打滑。

* 汽車引擎中使用的油會**減少摩擦力**，使接觸的表面變得更滑。若沒有油，引擎零件快速移動產生的摩擦力將會帶來過多的熱能，造成引擎損壞。

測試不同表面的摩擦力

你需要準備：用來標示起點的筆（例如鉛筆）、有輪子的物品、捲尺

1. 在地毯、木頭、水泥與磁磚等不同材料的表面，用最大的力氣把玩具車從起點往前推出去。請試著每次都用同樣的力氣。若要保持同樣的力氣，方法之一是攤平手掌，用拇指與食指把車子彈出去。（如果家裡沒有這些物品，也可以用不同的材料代替。）

2. 測量車子在不同材料表面停下時，距離起點多遠，在下面的表格記錄測試結果。

	地毯	木頭	水泥	磁磚
距離 （公分）				

記錄結果之後，
請把貼紙貼在這裡。

貼紙位置

❀ 任務完成 ❀

恭喜你！ 你已經成為一名合格的材料工程師了。請填寫下方的資格認證書。

材料工程師
資格認證書

工程師姓名：

獲得此資格認證書之工程師

已學會了材料摩擦力與材料特性的相關知識，

充分瞭解 —— **材料工程**

認證日期：

做得好！

你成功完成了所有挑戰與訓練，你學會的工程包括以下幾種：

機械、航太、機器人、能源、替代能源、材料

你現在已經可以從工程學院畢業了。

作為畢業典禮的一部分，

你應該要仔細閱讀下列的工程師守則，

並保證你會遵守。

只要再完成這項任務，你就能獲得最終資格認證書了。

在這裡畫上你的臉，
或貼上你的照片。

1. 我在工作的時候一定會注意安全，保護自己與他人，避免受傷。

2. 在開始任何工作之前，我一定會做好檢查，確認我是否知道自己需要做哪些事。

3. 在完成設計、以及建造或維修之後，我一定會做好檢查，確認我已經確實完成工作了。

4. 我知道這個世界上一直都會有新發明出現，而且我會努力學習更多新知識。

簽名：

工程師的工具箱

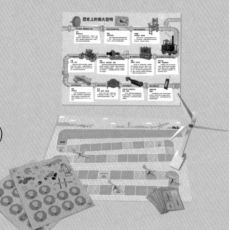

- 拉頁遊戲、已裁切遊戲卡、遊戲棋子和骰子
- 海報：歷史上的偉大發明
- 貼紙
    - (1) 工程師任務貼紙（使用於完成每一章節任務的貼紙位置）
    - (2) 發電流程貼紙（使用於第 38 至 39 頁的空白位置）
    - (3) 裝飾貼紙（可自由使用）
- 組裝本書 45 頁模型（請參閱封面的折頁部分）

跑道比賽遊戲教學

　　本書後方的拉頁海報就是遊戲底板。玩家人數是2人至4人。請先把骰子拆下來，再將遊戲棋子和棋子底座拆下來，拼裝在一起。請每1位玩家各拿1個遊戲棋子。

　　努力成為機場中第一架起飛的飛機吧！請輪流丟骰子來決定你能走幾格。如果你停留在藍色方格上，請抽1張卡片，執行卡片上的指示。如果你停留在有板手的方格上，你必須在丟骰子時丟到指定數字才能繼續前進。第一個抵達終點線並起飛的玩家就是贏家。

答案

本書41頁

本書33頁－認識電力的危險性

1. 電視上有插著花的花瓶（我們應該把液體和電力用品分開擺放）2. 燈上放著 1 塊布（可能會導致火災）3. 電線橫越地板（可能會害人絆倒）4. 有電線已經磨損了 5. 小嬰兒正把湯匙插入插座 6. 男孩在遊戲遙控器還插著電時，就把修理工具插入（他有可能會因此觸電）

作者 史蒂夫・馬丁（Steve Martin）

　　曾擔任英語老師，也是許多不同主題童書的作者，包括《男孩的書本冒險》（The Boys' Book of Adventure）、《數字王國》（Numberland）與長春藤童書（Ivy Kids）出版的《太空人學院》（Astronaut Academy）。

繪者 娜西亞・斯列普索瓦（Nastia Sleptsova）

　　自由業的藝術家，目前住在烏克蘭。專門為書本、雜誌與兒童遊戲繪製有趣又傑出的圖畫，曾在世界各地辦過展覽。

譯者 聞翊均

　　臺南人，熱愛文字、動物、電影、紙本書籍。現為自由譯者，擅長文學、運動健身、科普翻譯。翻譯過《叢林奇談》、《開膛手傑克刀下的五個女人》、《狼王羅伯》、《黑色優勢》、《蘋果山丘上的貝絲》等作品。

知識館024

我10歲，學工程【小學生未來志願系列】
Engineer Academy

作　　　　者	史帝夫‧馬丁
繪　　　　者	娜西亞‧斯列普索瓦
譯　　　　者	聞翊均
專 業 審 訂	施政宏（彰化師範大學工業教育系博士）
語 文 審 訂	陳資翰（臺北市立大學歷史與地理學系）
責 任 編 輯	陳彩蘋
封 面 設 計	張天薪
內 文 排 版	李京蓉
童 書 行 銷	張惠屏‧侯宜廷‧林佩琪‧張怡潔

出 版 發 行	采實文化事業股份有限公司
業 務 發 行	張世明‧林踏欣‧林坤蓉‧王貞玉
國 際 版 權	施維真‧劉靜茹
印 務 採 購	曾玉霞
會 計 行 政	許俶瑀‧李韶婉‧張婕莛
法 律 顧 問	第一國際法律事務所　余淑杏律師
電 子 信 箱	acme@acmebook.com.tw
采 實 官 網	www.acmebook.com.tw
采 實 臉 書	www.facebook.com/acmebook01
采 實 童 書 粉 絲 團	https://www.facebook.com/acmestory/

I　S　B　N	978-626-349-551-7　（平裝）
定　　　　價	360元
初 版 一 刷	2024年2月
劃 撥 帳 號	50148859
劃 撥 戶 名	采實文化事業股份有限公司
	104 台北市中山區南京東路二段 95號 9樓
	電話：02-2511-9798　傳真：02-2571-3298

國家圖書館出版品預行編目(CIP)資料

我10歲,學工程 / 史帝夫.馬丁(Steve Martin)文；娜西亞.斯列普索瓦(Nastia Sleptsova)
圖；聞翊均譯. -- 初版. -- 臺北市：采實文化事業股份有限公司, 2024.02
64面；20×24公分. -- (知識館；24)(小學生未來志願)
譯自：Engineer academy
ISBN 978-626-349-551-7(平裝)

1.CST: 工程學 2.CST: 工程師 3.CST: 通俗作品

400　　　　　　　　　　　　　　　　　　　　112021648

線上讀者回函

立即掃描 QR Code 或輸入下方網址，
連結采實文化線上讀者回函，未來會
不定期寄送書訊、活動消息，並有機
會免費參加抽獎活動。

https://bit.ly/37oKZEa

跑道比賽卡

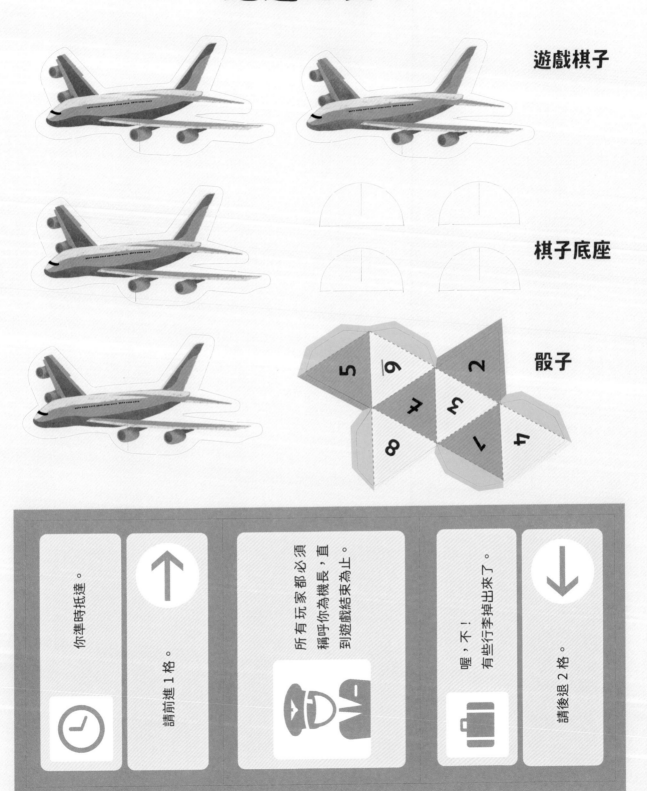

遊戲棋子

棋子底座

骰子

你準時抵達。

請前進 1 格。

所有玩家都必須稱呼你為機長，直到遊戲結束為止。

喔，不！有些行李掉出來了。

請後退 2 格。

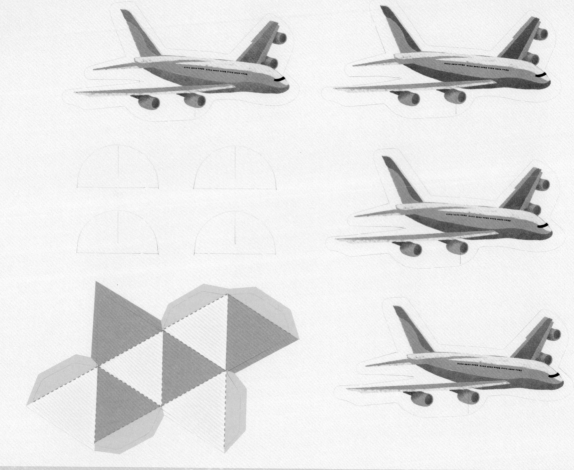

跑道　比賽　跑道　比賽　跑道　比賽

你的輪子發出吱吱聲。

請後退 3 格。

你的機長登機了。

其他玩家的棋子請後退 3 格。

你的計畫進度超前。

請前進 2 格。

請在接下來的 1 分鐘裡，不斷發出類似飛機的聲音。

你的機組人員還沒登機。

請後退 2 格。

請在接下來的 1 分鐘裡，把雙手的手臂打開，像飛機一樣在房間裡連續繞圈。

你遲到了。

請後退 1 格。

你的引擎出現嚴重故障。

請回到起點。

控制塔臺允許你起飛了。

請前進 3 格。

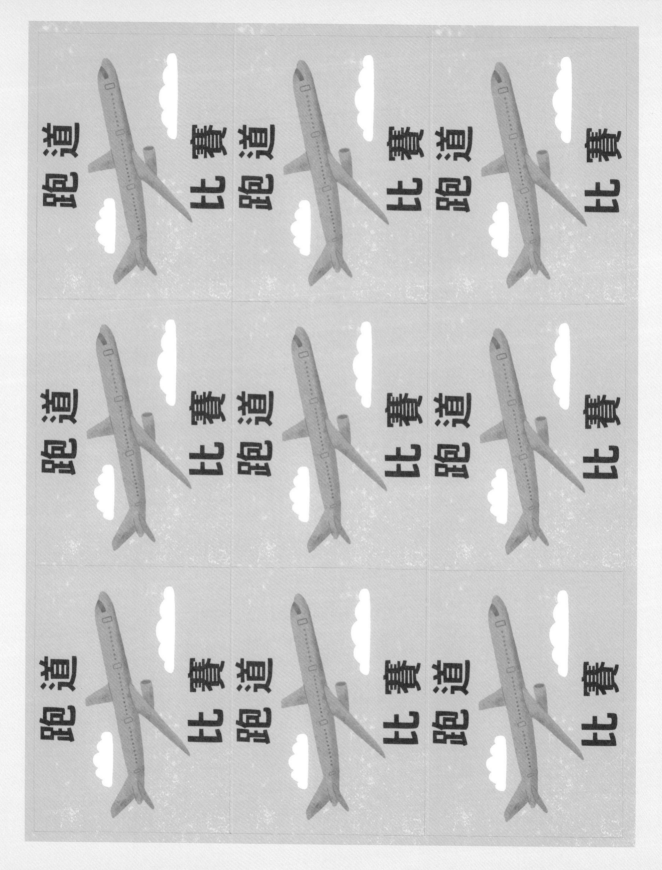